Mekonnen Maschal Tarekegn

Análise de potenciais aterros sanitários utilizando softwares comerciais de SIG

Mekonnen Maschal Tarekegn

Análise de potenciais aterros sanitários utilizando softwares comerciais de SIG

ScienciaScripts

Imprint

Cover image: www.ingimage.com

This book is a translation from the original published under ISBN 978-3-659-85789-8.

Publisher:
Sciencia Scripts
is a trademark of
Dodo Books Indian Ocean Ltd. and OmniScriptum S.R.L publishing group

120 High Road, East Finchley, London, N2 9ED, United Kingdom
Str. Armeneasca 28/1, office 1, Chisinau MD-2012, Republic of Moldova, Europe
Printed at: see last page
ISBN: 978-620-8-31178-0

Dedicado ao meu pai Maschal Tarekegn e à minha mãe Mariye Mulate

Conteúdo

Resumo

O aterro sanitário é um dos métodos mais comuns de eliminação de resíduos sólidos. No entanto, a seleção do local adequado para a eliminação dos resíduos é uma questão difícil que deve ser abordada de forma adequada. O SIG (Sistema de Informação Geoespacial) é uma ferramenta computorizada para resolver problemas ambientais. Pode ser utilizado para otimizar o processo de seleção do local de aterro. Através de várias funcionalidades, o SIG é capaz de proporcionar uma melhor compreensão dos efeitos dos locais no ambiente. O objetivo deste estudo é identificar e avaliar os principais factores relacionados com a terra na seleção do local de aterro e descrever os métodos para uma estimativa adequada da localização do aterro. Como estudo de caso, foi selecionada toda a parte da cidade de Adis Abeba para avaliar os locais candidatos. Os dados utilizados incluíram as condições geológicas (condutividade hidráulica), a distribuição do tipo de solo, as águas subterrâneas (profundidade), a hidrologia de superfície (rios), os mapas topográficos e a geomorfologia (declive), a propriedade de utilização do solo e a distância da estrada principal. Os dados são combinados utilizando o procedimento DRASTIC num pacote de software SIG para localizar e visualizar o local selecionado. O artigo apresenta todas as metodologias utilizadas e os resultados cientificamente avaliados. Finalmente, este trabalho de projeto produziu um mapa de locais de aterro adequados mais recomendados para a cidade de Adis Abeba. Além disso, o trabalho de projeto apresentou uma recomendação cientificamente analisada para um aterro anteriormente proposto e para uma lixeira a céu aberto existente na cidade.

Palavras-chave: Aterro sanitário, Análise de sobreposição, ArcGIS, Idrisi, Mapa de restrições, Análise de aptidão, Lixiviados, Poluição

CAPÍTULO 1

Introdução

1.1 Fundo

A urbanização introduz na sociedade um novo e moderno modo de vida, um maior nível de consciencialização, novas competências, um processo de aprendizagem, etc. No entanto, quando a taxa de urbanização fica fora de controlo devido ao aumento da população resultante do crescimento natural e da migração rural-urbana, a gestão de uma grande quantidade de resíduos sólidos gerados por um aglomerado humano constitui um grande desafio. O problema é mais agudo nos países em desenvolvimento, onde o ritmo de urbanização e a taxa de crescimento da população são mais rápidos.

A gestão dos resíduos sólidos urbanos (RSU) consiste na produção, separação, recolha, transferência, transporte e eliminação de resíduos de uma forma que tenha em conta a saúde pública, a economia, a conservação, a estética e o ambiente, e que responda às exigências do público (WWF, 2005). De acordo com o Banco Mundial, o objetivo global da gestão dos resíduos sólidos deve ser a recolha, o tratamento e a eliminação dos resíduos sólidos produzidos por todos os grupos da população de uma forma ambiental e socialmente satisfatória. A gestão dos resíduos sólidos está em crise em muitas das maiores zonas urbanas do mundo, uma vez que a população atraída para as cidades continua a crescer, o que conduziu a uma quantidade cada vez maior de resíduos domésticos, enquanto o espaço para a sua eliminação diminui (Banco Mundial, 1999). Na Etiópia, tal como noutros países em desenvolvimento, o aumento da produção de resíduos sólidos resulta da rápida urbanização e do crescimento da população. De acordo com Dawit e Alebel (2003), a quantidade de resíduos sólidos em Adis Abeba e noutras zonas de crescimento rápido do país tem vindo a aumentar ao longo do tempo, em grande parte devido à rápida taxa de crescimento da população.

Adis Abeba, que é a capital da Etiópia, capital diplomática de África (OUA, ECA), sede regional do PNUD, UNICEF, ACNUR, FAO, ILF, ICO e ITU, tem uma taxa de crescimento rápido da população de 3,8%, o que resulta num aumento de aproximadamente 5% da produção de resíduos urbanos por ano (Administração da cidade de Adis Abeba, 1998). Os mesmos autores indicaram que, do total de resíduos sólidos libertados pela população da cidade, cerca de 50-60% eram recolhidos e o resto não era tratado. Recentemente, o município aumentou a sua cobertura para cerca de 85% (AACG- SPBA-2005). Apesar da melhoria relativa da recolha de resíduos através da utilização de meios mais eficientes, tal como planeado pela cidade, o volume de resíduos não recolhidos continuará a aumentar proporcionalmente à população. A inadequação da recolha de resíduos secos municipais e industriais, dos mecanismos de eliminação e dos locais de eliminação cria uma série de problemas ambientais em Adis Abeba. O conjunto do espaço urbano confirma que a gestão dos resíduos sólidos é uma questão de grande preocupação. Os rios são amplamente utilizados como locais de eliminação. Uma simples observação nas margens dos rios indica que uma grande percentagem dos resíduos não controlados vai para os rios. Ao passear pela cidade, a partir de qualquer canto, todos os espaços públicos, como as bermas das estradas e os espaços abertos, atestam a existência de pilhas de lixo, "festões" voadores (que são cada vez mais utilizados para embalagem), detritos, demolições de construções e terras movidas de novos estaleiros de construção, que sujam indefinidamente o espaço urbano. Os odores desagradáveis que emanam dos resíduos sólidos em decomposição estão a adoecer todos os cidadãos. Embora o regulamento de higiene e saneamento ambiental emitido pela administração da cidade de Adis Abeba (Pro.No.1,1994) proíba as pessoas de deitarem resíduos ao longo de estradas, avenidas, rios, lagos e outros locais, o regulamento é continuamente violado pelas pessoas devido à falta de meios alternativos de eliminação.

Isto cria uma cidade de má qualidade ambiental que pode privar os cidadãos de uma boa qualidade de vida, uma vez que afecta a sua saúde e, consequentemente, afecta negativamente a produtividade e o desenvolvimento económico (Geenhuizen e Van Nijkamp, 1995). No passado, foram desenvolvidos e recomendados vários conceitos para servir de base à melhoria da gestão dos resíduos sólidos nos países em desenvolvimento. Entre eles, a gestão integrada de resíduos secos (DWM) fornece um quadro, ou seja, decisões de tratamento de resíduos tendo em conta as dimensões ambiental, económica e social (R.Gerlagh, et al., 1999). Esta abordagem inclui a prevenção, a reciclagem, a recuperação de energia e o correto aterro dos resíduos sólidos, o que tem sido muito bem sucedido em vários países. Mas as lixeiras a céu aberto, infelizmente ainda observadas sobretudo nos países em desenvolvimento, onde os resíduos são depositados de forma descontrolada, podem ser prejudiciais para o ambiente urbano. Atualmente, muitos governos reconhecem os perigos para o ambiente e para a saúde pública decorrentes da deposição não controlada de resíduos. No entanto, a obtenção de locais para novos aterros está a tornar-se cada vez mais difícil devido a uma oposição pública crescente, à indisponibilidade de terrenos, a problemas financeiros das autoridades responsáveis para construir um aterro a uma distância suficiente dos residentes, à insuficiência de orientações, de estudos de base e de pessoal formado para determinar a localização, a conceção e o funcionamento de novos aterros ou para a modernização de aterros antigos.

O problema crescente da gestão dos resíduos urbanos tem as suas raízes na história. De acordo com o IDWS (Beyene Geleta), não existia qualquer ameaça potencial de resíduos quando a cidade foi construída como centro administrativo na década de 1880. Nem o padrão de assentamento nem a mentalidade dos residentes estavam em conformidade com as questões de gestão de resíduos. O desenvolvimento físico aleatório, sem ter em conta as instalações sanitárias e de utilidade pública, caracterizou o padrão de desenvolvimento da cidade até à década de 1980. A tradição rural de eliminar os resíduos, incluindo os excrementos humanos, ao ar livre, foi imediatamente transferida para a cidade emergente, perpetuando-se até aos dias de hoje. Assim, os problemas actuais são, pelo menos em parte, os efeitos cumulativos dos padrões históricos de desenvolvimento da cidade ao longo do século e das tradições da sua população.

No presente estudo, foi feita uma tentativa de identificar potenciais locais de aterro em função da integração de um conjunto de dados volumosos e variados relativos a vários factores relacionados com a terra. Este projeto tem como objetivo demonstrar a utilidade das ciências da terra na identificação e seleção de locais para a eliminação de resíduos na cidade de Adis Abeba e arredores. Espera-se que este estudo tenha uma importância fundamental no fornecimento de informações relevantes que são básicas para a conceção e seleção de um sistema de gestão de resíduos sólidos e de um local de gestão adequados.

1.2 Populações e povoamento

Adis Abeba tinha uma população de 65.000 habitantes em 1912, que aumentou para 100.000 em 1935. Em pouco mais de três anos, tinha aumentado para 143.000 (Tekeste, 1987). A população de Adis Abeba cresceu de 443.728 em 1961 para 683.530 em 1967, 1.167.315 em 1978, 1.423.111 em 1984 e 2.112.737 em 1994. De acordo com a Autoridade Central de Estatística (CSA, 2007), a população total projectada de Adis Abeba para julho de 2012 é de 3,2 milhões.

1.3 Gestão dos resíduos sólidos na cidade de Adis Abeba

1.3.1 Taxa de produção de resíduos sólidos, fonte e tipos em Adis Abeba

A produção diária de resíduos é estimada em 0,252 kg/capita/dia. A atual produção diária de resíduos da cidade é de 2.297m^3 ou 851 toneladas com uma densidade de resíduos de 333kg/m^3 . Dos resíduos urbanos diários, 65% (1.482m3) são recolhidos (Addis Ababa city SBPDA, 2003). Os restantes 35% dos resíduos são eliminados por meios informais, exceto uma percentagem menor que é incinerada e despejada em locais abertos, canais de drenagem, rios e vales, bem como nas ruas. A maior parte dos resíduos sólidos (~76%) é gerada a partir de resíduos residenciais/domésticos e outros 9% de instituições comerciais, 6% de ruas, 5% de indústrias, 3% de hotéis e 1% de hospitais. Dos resíduos recolhidos, 70% em volume, 50% em peso são resíduos orgânicos recicláveis, em geral resíduos de fruta /4,2%/' papel /2,5%/' plástico e pneu /2,9%/' madeira /2,3%/' osso /1,1%/' têxtil /2,4%/ metais /0,9%/ vidro e garrafas partidas /0,5%/' folhas facilmente queimáveis /15%/' pedras /2,5%/ e coisas menores em geral /65%/.

1.3.2 Sistema atual de eliminação de resíduos sólidos em Adis Abeba

O método atual de eliminação é a deposição bruta a céu aberto; todos os resíduos sólidos recolhidos pelo município são levados para um único aterro a céu aberto em Repi. Este aterro está situado a 13 km a sudoeste do centro da cidade e tem estado em funcionamento desde 1964. O aterro está a ficar cheio; está parcialmente rodeado por residentes e instituições e não tem controlo de gases. O gás gerado pelo aterro provoca incêndios espontâneos e poluição atmosférica. Contribui com uma enorme quantidade de metano (gás com efeito de estufa) para a atmosfera. O aterro tem uma capacidade reduzida (25 ha) e está muito mal equipado, dispondo apenas de dois bulldozers envelhecidos e um rolo compactador. A estrada de acesso ao local está em muito mau estado e torna-se praticamente inutilizável durante as chuvas fortes. Por conseguinte, há frequentemente dias em que não é possível recolher os resíduos da cidade.

1.3.4 Efeitos e impactos dos resíduos sólidos no aterro sanitário de Koshe

1.3.4.1 Preocupações de saúde pública

As preocupações em matéria de saúde pública prendem-se sobretudo com a infestação de áreas utilizadas para o armazenamento de resíduos sólidos com vermes e insectos que servem frequentemente de potenciais reservatórios de doenças. A prática de deitar os resíduos em ruas não pavimentadas, caminhos e terrenos baldios levou à criação de ratos, com as suas pulgas portadoras de germes de doenças que resultam em surtos de doenças. A falta de um plano de gestão dos resíduos sólidos conduziu à epidemia de várias doenças. O lançamento de resíduos perigosos no meio ambiente pode causar toxicidade direta nas crianças e nos catadores de lixo. Mesmo que os Serviços de Saúde da cidade tomem uma série de precauções antes de despejar resíduos perigosos no aterro, incluindo a utilização de um camião específico para transportar, enterrar e escavar e informar os catadores de Repi sobre a natureza perigosa dos resíduos, estes nunca conseguirão evitar completamente que os resíduos sejam raspados através da lixeira em busca de algo para comer ou vender (Rahel Shiferaw, 1997). Segundo as informações obtidas na entrevista informal de um acionista da subcidade de kolfe keraneo, os alunos da escola secundária "Bascilios", situada perto de Koshe, estavam sempre em perigo devido aos resíduos tóxicos e aos produtos químicos industriais corrosivos depositados no aterro muito próximo. Por outro lado, a adoção de metais tóxicos e vestigiais pelos frutos e legumes cultivados nos aterros pode causar danos indirectos à saúde humana através da alimentação humana.

1.3.4. 2Preocupações estéticas

As considerações estéticas estão relacionadas com a produção de odores e as condições inestéticas que se podem desenvolver quando não é dada a devida atenção à manutenção das condições sanitárias. A maioria dos odores pode ser controlada através da utilização de contentores com tampas estanques e com a manutenção de uma frequência de recolha razoável. Se o odor persistir, o contentor pode ser pulverizado como medida temporária. Para manter as condições estéticas, o contentor deve ser esfregado e lavado periodicamente. Mesmo a poluição sonora e o tráfego exercem pressão sobre a estética do ambiente. Lixeira a céu aberto de Koshe como principal área residencial (centro da cidade)

Unsightly condition at koshe urban smog resulted from koshe landfill

Figura - 4: a imagem mostra a preocupação estética do sítio koshe

1.3.4. 3Impacto ambiental e preocupações ecológicas

A decomposição dos resíduos em substâncias químicas constituintes é uma fonte comum de poluição ambiental local. Preocupações ecológicas, como a poluição da água e do ar, também têm sido atribuídas à gestão incorrecta dos resíduos sólidos. A contaminação das águas subterrâneas por lixiviação e das águas superficiais por escoamento superficial é altamente provável, especialmente durante a estação das chuvas intensas em julho e agosto. Os lixiviados das lixeiras e dos aterros mal concebidos contaminam as águas superficiais e subterrâneas, provocando a deposição de elementos tóxicos como o cobre, o arsénio, o cádmio, o zinco e outros metais tóxicos. Os lixiviados de resíduos orgânicos que se afogam do local esgotam o oxigénio dissolvido na massa de água, criando uma ecologia inadequada para a vida aquática.

Uma grande preocupação ambiental é também o metano e outros gases libertados pelo lixo em decomposição como subproduto da respiração anaeróbica dos resíduos pelas bactérias. As concentrações de metano podem atingem até 50% da composição do gás de aterro na decomposição anaeróbia máxima (Cointreau-Levine, 1996). Por isso, se não for corretamente tratado, pode mesmo provocar um risco de incêndio nas imediações dos locais. Uma vez que o local não dispõe de ventilação e/ou queima adequadas do metano, o gás infiltra-se no solo poroso que rodeia os resíduos e acaba por migrar para as caves e habitações vizinhas, representando um risco de explosão. O dióxido de carbono é um segundo gás predominante emitido pelos aterros; embora seja menos reativo, a sua acumulação nas habitações próximas pode ser uma causa de asfixia. Um segundo problema com estes gases é a sua contribuição para os chamados gases com efeito de estufa (GEE), que são responsáveis pelo aquecimento global. Além disso, os plásticos especiais não biodegradáveis podem diminuir a fertilidade do solo e afetar a circulação do ar livre no solo, o que pode afetar a agricultura urbana em redor do local.

Os lixiviados provenientes das lixeiras a céu aberto afectam os parâmetros físicos, químicos e microbiológicos das águas subterrâneas naturais em torno de um aterro sanitário. Este facto faz com que a água esteja fora dos padrões de qualidade de água potável da OMS. De acordo com sewit (2006), a qualidade da água subterrânea em relação à norma de qualidade da OMS é apresentada de seguida.

Poluição das águas superficiais: o afluxo de lixiviados do aterro a céu aberto altera a composição física, química e microbiológica natural dos rios presentes a jusante. O quadro seguinte confirma que a lixeira a céu aberto de Koshe afecta claramente a qualidade das águas de superfície.

Poluição do solo: os resíduos sólidos depositados no local libertam metais pesados, metais tóxicos e outros metais vestigiais para o solo, ultrapassando a capacidade admissível do solo. Os frutos e legumes cultivados no local podem adotar esses metais e acumulá-los indiretamente na alimentação humana. O quadro seguinte resume os metais pesados do solo do aterro de Koshe em comparação com os limites permitidos pelos Países Baixos:

CAPÍTULO 2

Importância do estudo do projeto

O método atual de eliminação é a deposição bruta a céu aberto; todos os resíduos sólidos recolhidos pelo município são levados para um único aterro a céu aberto em Repi. Este aterro está situado a 13 km a sudoeste do centro da cidade e tem estado em funcionamento desde 1964. O aterro está a ficar cheio; está parcialmente rodeado por residentes e instituições e não tem controlo de gases. O gás gerado pelo aterro provoca incêndios espontâneos e poluição atmosférica. Contribui com uma enorme quantidade de metano (gás com efeito de estufa) para a atmosfera. O aterro tem uma capacidade reduzida (25 ha) e está muito mal equipado, dispondo apenas de dois bulldozers envelhecidos e um rolo compactador. A estrada de acesso ao local está em muito mau estado e torna-se praticamente inutilizável durante as chuvas fortes. Por conseguinte, há frequentemente dias em que não é possível recolher os resíduos da cidade.

A gestão dos resíduos sólidos urbanos é um dos desafios mais importantes enfrentados pelas nossas sociedades urbanas e industriais. Devido à inadequação das estratégias de gestão controlada dos resíduos e dos locais de eliminação de resíduos em Adis Abeba, as pessoas são obrigadas a descarregar os resíduos tanto à superfície como no interior das massas de água (rios). Mesmo os resíduos oficialmente recolhidos e transferidos são eliminados em lixeiras a céu aberto não controladas. A atividade descontrolada (imprópria) de eliminação de resíduos no koshe deteriorou a qualidade das águas de superfície (ribeiros, rios, reservatórios) e das águas subterrâneas, alterando as propriedades químicas, físicas e organolépticas da água. Altera a composição dos metais indesejáveis no solo. Nem sequer consegue cumprir os critérios mínimos estabelecidos pela autoridade de proteção do ambiente, o que é claro em termos de poluição ambiental e outros impactos estéticos. Nenhum dos aterros sanitários propostos no plano diretor está a ser posto em prática. Nem sequer foram avaliados cientificamente quando foram propostos. Por conseguinte, prevê-se que o efeito adverso de um serviço inadequado de resíduos sólidos na produtividade e no desenvolvimento económico da cidade seja muito significativo. Assim, a fim de satisfazer as necessidades de eliminação adequada dos resíduos sólidos de uma população em crescimento exponencial, é necessária a introdução de novos locais de eliminação alternativos devidamente avaliados.

CAPÍTULO 3

Objectivos

3.1 Objetivo geral

O objetivo deste estudo é demonstrar a utilidade dos princípios da geoinformática e das ciências da terra (geologia subjacente, hidrologia/hidrogeologia, geomorfologia e topografia, pedologia e outros parâmetros relevantes relacionados) na identificação e seleção de locais de aterro sanitário para a cidade de Adis Abeba e arredores.

3.2 Objectivos específicos:

- Avaliar e analisar o comportamento de vários parâmetros geofísicos para a seleção de locais para aterros sanitários
- Elaborar um mapa das limitações dos aterros sanitários da cidade de Adis Abeba em função de vários parâmetros
- Elaborar um mapa dos locais de aterro potencialmente adequados da cidade de Adis Abeba

-Analisar a adequação dos quatro locais previamente selecionados para as estações de transferência de resíduos sólidos

CAPÍTULO 4

Localização, fisiografia e drenagem da área de estudo

A cidade situa-se no centro do país e na escarpa ocidental da principal fenda etíope. É delimitada pelas longitudes 38°43' e 38°50' E, e pelas latitudes 8°56'10" e 9°05'N.

A altitude varia entre 2700 metros a.s.l. no norte e 2200 metros a.s.l. no sul. As encostas íngremes e a topografia acidentada da cordilheira de Intoto, a norte, atingem os 3000 metros de altitude. A sudoeste de Adis Abeba, o planalto também é acidentado, mas a sua altitude é ligeiramente inferior à da secção norte.

A drenagem na área apresenta um padrão dendrítico. Estas drenagens são mais densas na parte sul. Os rios Grande e Pequeno Akaki, com os seus diferentes afluentes, drenam a cidade de norte a sul.

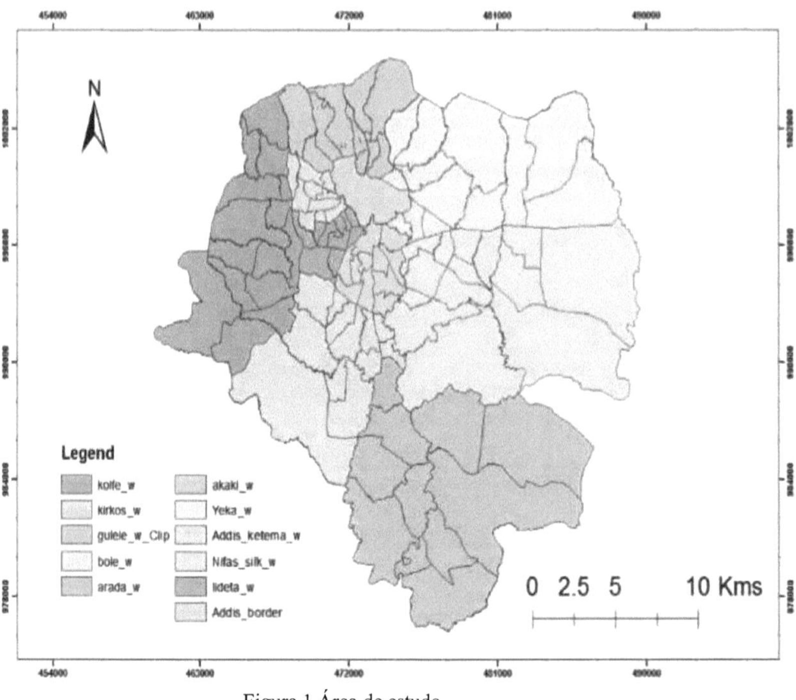

Figura 1 Área de estudo

CAPÍTULO 5

Materiais e métodos

5.1 Materiais utilizados

O software utilizado no projeto é o ArcGIS 9.2 utilizado para análise, cartografia e apresentação SIG, o MapInfo 8.0 utilizado para digitalização de mapas, o IDRISI32 utilizado para sistemas de apoio à decisão espacial multicritério e o 3DEM utilizado para gerar dados DEM a partir de dados SRTM para derivar o declive.

5.2 Metodologias

Em primeiro lugar, os dados de entrada (ficheiros de grelha e de forma) da área de estudo foram recortados e importados para a base de dados geográfica estabelecida. O mapa do solo de Adis Abeba foi digitalizado utilizando o MapInfo e convertido num ficheiro de forma ESRI utilizando o Universal Translator e importado para a base de dados geográfica ArcGIS.

Os conjuntos de dados do Modelo Digital de Elevação (DEM), da geologia, dos rios, das estradas e dos furos de sondagem da área de estudo foram recortados pelo limite da área de estudo. O declive foi derivado do DEM utilizando a análise de superfície.

Em seguida, todos os ficheiros shape foram convertidos num modelo de dados raster (ficheiros de grelha), de modo a torná-los compatíveis com o modelo de aptidão, utilizando técnicas de operação booleana.

Em seguida, os ficheiros raster alterados foram novamente reclassificados e foram desenvolvidos mapas de restrições. Após esta etapa, foi efectuada uma técnica de avaliação multicritério utilizando a ferramenta de apoio à decisão espacial multicritério idirisi para sobreponderar cada camada em pares. Por fim, estes mapas de constrangimentos com ponderação excessiva aos pares foram unidos/sobrepostos por uma calculadora de sobreposição raster boollen. Como resultado, foi produzido um mapa de aterros sanitários classificados da cidade de Adis Abeba. A metodologia pormenorizada é descrita abaixo no modelo do quadro concetual.

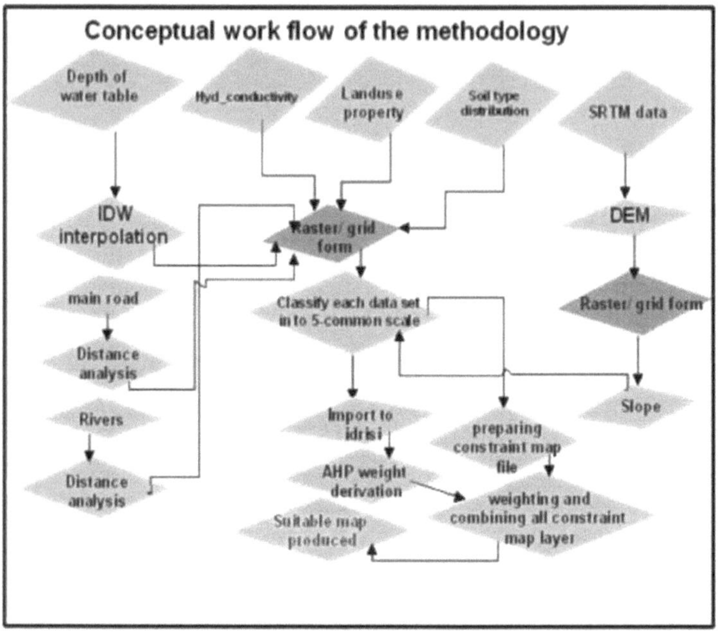

Figura 2 Fluxo de trabalho concetual da metodologia

5. 3Análise dos dados, resultados e discussão

5.3.1 Análise de dados

Embora haja uma série de critérios de seleção de locais de eliminação de resíduos sólidos em todo o mundo, foram considerados para esta análise de adequação factores ambientais, sociais e económicos, tal como discutido brevemente acima, tais como a geologia (condutividade hidráulica), a profundidade do lençol freático, o solo, as estradas, os rios, os declives e a utilização das terras.

O modelo de seleção de locais envolve três etapas: análise preliminar, avaliação multicritério e identificação do local mais adequado. A fase de análise preliminar envolve a criação de um mapa da área de estudo para introduzir as camadas de dados rasterizados e, em seguida, a criação de mapas de restrições e mapas de factores a partir dos conjuntos de dados introduzidos. A segunda etapa consiste na realização de uma Avaliação Multicritério (AMC), que é efectuada através da ponderação dos mapas de factores e da sua combinação com o mapa de restrições sobreposto. A etapa final consiste em encontrar o local mais adequado utilizando as informações do mapa MCE final. Foram tidos em consideração vários factores: profundidade do lençol freático, proximidade dos principais rios, utilização do solo, declive, geologia (condutividade hidráulica), propriedades do solo e distância da estrada principal. Uma vez que todas as análises sobre camadas têm de ser limitadas à extensão da área de estudo, foi utilizado um mapa de limites da cidade para recortar os conjuntos de dados.

5.3.1.1 Mapa reclassificado

Para encontrar a melhor localização para o aterro sanitário, os conjuntos de dados das caraterísticas foram convertidos em raster/grelha, os conjuntos de dados de distâncias e declives foram derivados, cada conjunto de dados foi reclassificado para uma escala comum dentro de um intervalo de 1 a 5, atribuindo os valores mais elevados aos atributos mais adequados e os valores mais baixos aos menos adequados, utilizando as opções Reclassificar do analista espacial. E os critérios para esta análise foram identificados como muito adequados, adequados e moderadamente adequados; menos adequados e menos adequados. As camadas geradas nesta etapa foram utilizadas nas operações Boolean e Overlay.

Camada-1

Geologia - Os materiais terrestres com baixa condutividade hidráulica, baixa porosidade efectiva e elevada retenção ou absorção de solutos perigosos são ideais para a localização de aterros.

Quadro 1 Classificação da condutividade hidráulica da geologia da cidade de Adis Abeba

Hydraulic Conductivity	Value	Suitability Rank	Geology
Very High	1	Least suitable	Tertiary sediment
High	2	Less suitable	Quaternary olivine phiric basalt and quaternary scoria
Medium	3	Moderately Suitable	Fofa strongly weathered and jointed basalt, chelekleka layered basalt with scoria and pyroclastic rocks.
Low	4	Suitable	Wechecha yerrer furi trachyte and trachy basalt, repi strongly jointed basalt, lower ignimbrite and pyroclastic rocks
Very Low	5	High suitable	Wechecha yerrer furi ignimbrite, intoto coarse grained trachyte, intoto mixed rocks trachyte,ignimbrite, pyroclastic and sediment

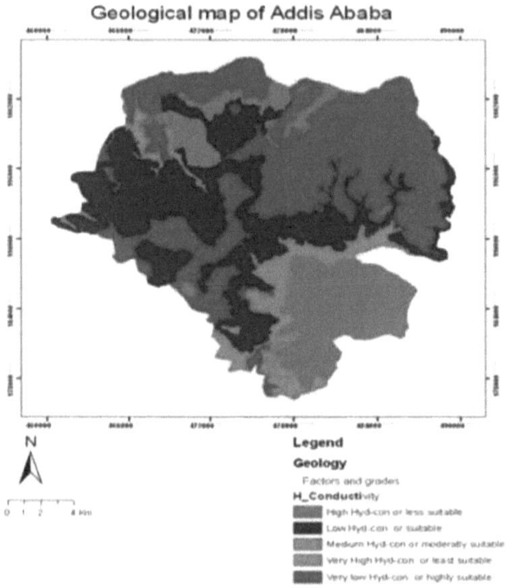

Figura 3 Mapa reclassificado da geologia de Adis Abeba

Camada **2**

Solo - A permeabilidade e a porosidade efectiva são considerações importantes para a seleção do local de aterro. Os depósitos aluviais quaternários altamente permeáveis e porosos e os locais com pouca ou nenhuma cobertura de solo são descartados como os locais mais pobres. Os solos com fracções elevadas de silte e argila proporcionam proteção das águas subterrâneas e são um meio economicamente mais barato de construir uma linha de aterro. Poucas literaturas (EPA) recomendam uma espessura mínima consistente de 3m de cobertura de solo impermeável. Neste documento, apenas a distribuição do tipo de solo é considerada para a análise de adequação.

Table 2 Classificação dos solos da cidade de Adis Abeba

Soil	**Value**	**Suitability Rank**
Thin/Absent	1	Least suitable
Lacustrine Clay	2	Less suitable
Reddish Brown Clay	3	Moderately Suitable
Alluvial Soil	4	Suitable
Black Cotton Clay Soil	5	High suitable

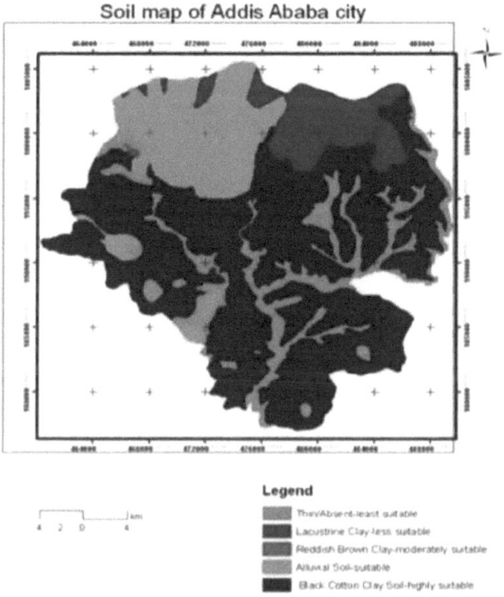

Figura 4 Mapa reclassificado do solo de Adis Abeba

Camada 3

Profundidade do lençol freático

Quanto mais próximo o lençol freático estiver da superfície, mais vulnerável será a contaminação e mais inadequada será a condição do aterro. As áreas onde a profundidade do lençol freático é inferior a 80m são descartadas para que a água subterrânea esteja a salvo da contaminação que possa ocorrer por vazamento do lixiviado do aterro.

Table 3 Profundidade de água subterrânea reclassificada da cidade de Adis Abeba

Depth WT (m)	Value	Suitability Rank
0.500 – 24.018	1	Least suitable
24.018 – 39.697	2	Less suitable
39.697 – 56.845	3	Moderately Suitable
56.845 – 74.974	4	Suitable
74.974 – 125.929	5	Highly suitable

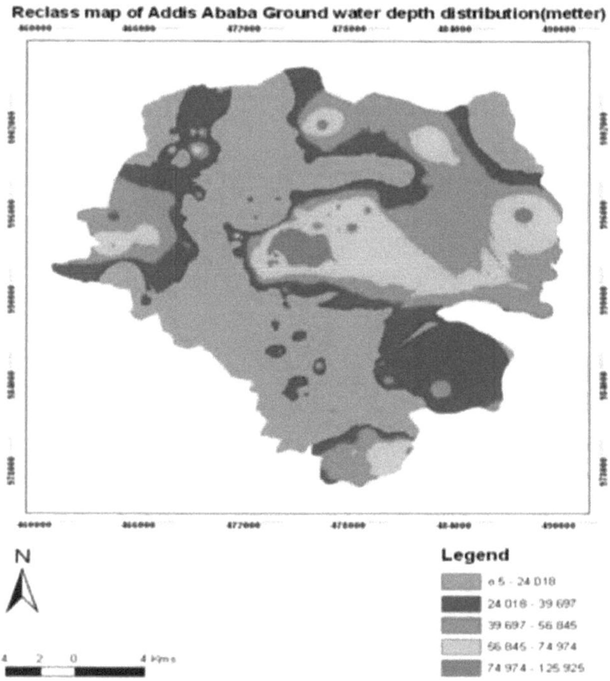

Figura 5 Mapa reclassificado da profundidade das águas subterrâneas em Adis Abeba

Camada 4

Proximidade dos principais rios - Os aterros sanitários devem estar a uma distância considerável das fontes de água. Nos EUA, na Geórgia, é construído um tampão de 2 milhas de todos os corpos de água de superfície a partir do sólido, enquanto que no estado de Vermont é de 1000 pés e no Canadá de 1000m (MLAP, 1993). Neste documento, considerou-se uma zona tampão de 1000 m para os cursos de água e rios em Addis Abeba.

Table 4 Reclassificação das distâncias dos principais rios para efeitos de adequação dos aterros

Distance from Main River (m)	Value	Suitability Rank
0 – 775.410	1	Least suitable
775.410 – 1661.59	2	Less suitable
1661.593 – 2741.629	3	Moderately Suitable
2741.629 – 4209.369	4	Suitable
4209.369 – 7089.464	5	High suitable

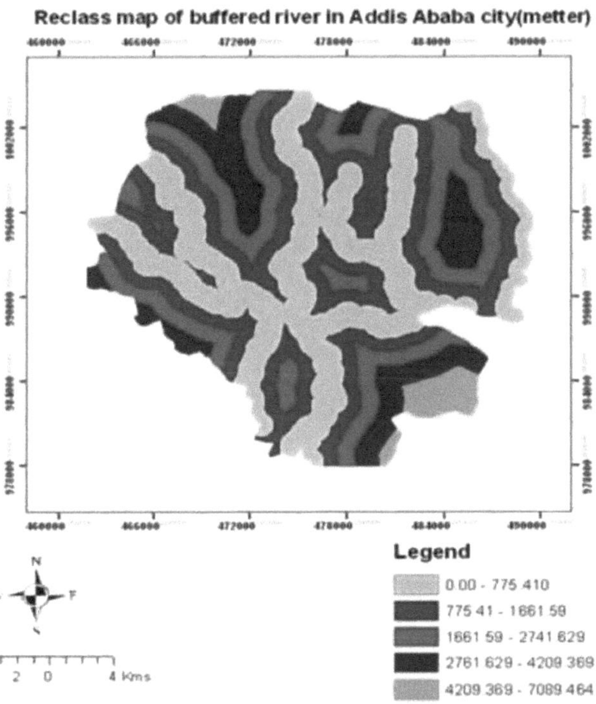

Figura 6 Mapa reclassificado da distância do rio principal ao local do aterro

Camada 5

Uso do solo - O uso do solo de menor valor na opinião pública reduz o conflito em relação aos usos do solo de maior valor. Não se localiza em áreas de residência, indústria, desenvolvimentos sociais existentes e propostos, e terras agrícolas. Estas foram consideradas zonas de restrição.

Table 5 Classificação dos bens de utilização do solo da cidade de Adis Abeba

Land use	**Value**	**Suitability Rank**
settlement/Industry/social existing/Social Proposal sites	1	Least suitable
Industry Proposal sites	2	Less suitable
Agriculture sites	3	Moderately Suitable
House Expansion sites	4	Suitable
Reserve/ open sites	5	Highly suitable

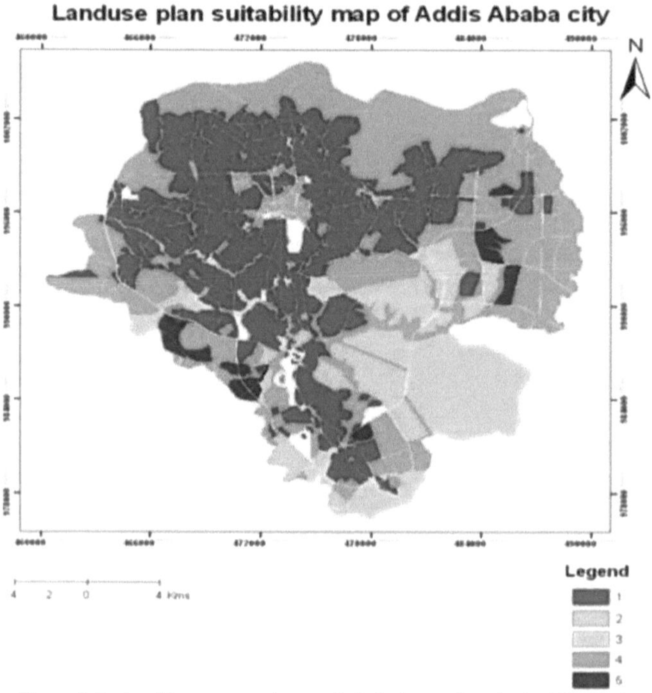

Figura 7 Reclassificar o mapa da propriedade de uso do solo de Adis Abeba para aterro sanitário

Camada 6

Declive - Declives mais elevados aumentariam o escoamento de poluentes do aterro, e a construção do aterro seria difícil e dispendiosa. Assim, o declive é um fator importante na construção de um aterro. Um estudo geológico dos EUA utiliza uma classificação de declive inferior a 25% para o local do aterro (David R.H, 1991). Também a EPA Etiópia (2002) recomenda um declive adequado de um terreno inferior a 3%. Mas, de acordo com a EPAA (1998), os aterros não devem situar-se em zonas montanhosas, com declives superiores a 10%. Assim, este projeto rejeitou áreas com declives superiores a 10%, para as quais foram selecionados locais seguros.

Table 6 Classificação dos declives da cidade de Adis Abeba

Slope (%)	Value	Suitability Rank
19.263 – 42.510	1	Least suitable
11.458 – 19.263	2	Less Suitable
6.441 – 11.458	3	Moderately Suitable
2.325 – 6.441	4	Suitable
0 – 2.325	5	Highly suitable

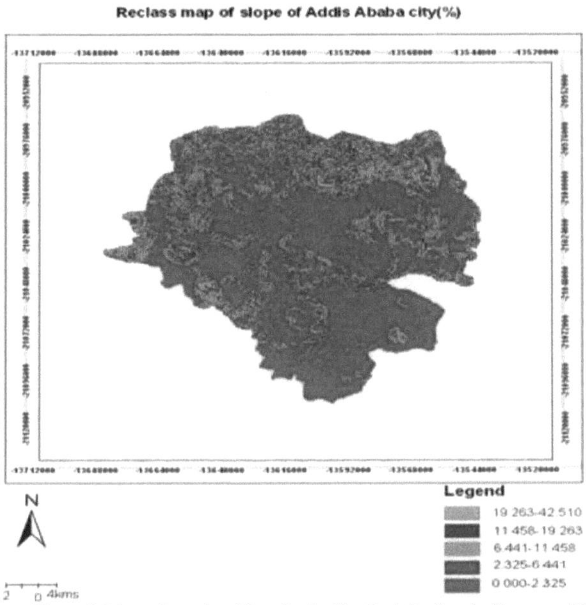

Figura 8 Mapa de reclassificação da distribuição dos declives na cidade de Adis Abeba

Camada 7

Distância da estrada principal - Os factores económicos, como o local de despejo, devem estar a uma distância mínima das estradas, para que os veículos de recolha possam percorrer a rota ideal. De acordo com a literatura, a Malásia apresenta uma distância específica de 100 m da estrada (Gaim, 1995). A distância de 100 m é utilizada para as estradas principais. Isto deve-se ao facto de o local dever estar fora da paisagem e, ao mesmo tempo, acessível às estradas principais.

Table 7 Classificação da distância das estradas principais em Adis Abeba para o aterro sanitário

Distance from Main Road (m)	Value	Suitability Rank
0 – 2287.116	1	Least suitable
2287.116 – 4574.232	2	High suitable
4574.232 – 6861.348	3	Suitable
6861.348 – 9148. 464	4	Moderately Suitable
9148. 464 – 11435.580	5	Less Suitable

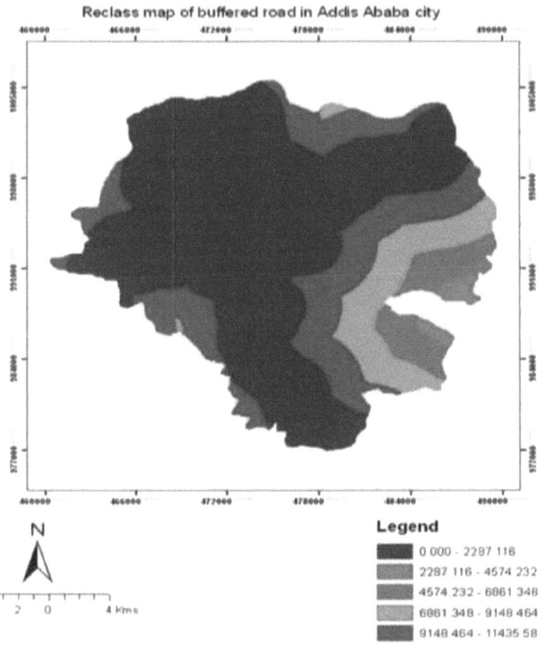

Figura 9 Mapa das principais distâncias rodoviárias da cidade de Adis Abeba para o aterro sanitário

5.3.1.2 Mapa de restrições

Os mapas de restrições são utilizados para distinguir entre as terras que são adequadas para a instalação de aterros e as terras que são restritas. Os mapas de restrições são produzidos através da fusão de cada tema individual com a área de estudo. Este procedimento cria um mapa de restrições para cada tema ou camada contendo apenas três classes representadas por 3 para terras adequadas, 2 para terras menos adequadas e 1 para terras inadequadas.

Camada 1

Tabela 8 Valores de condutividade hidráulica das restrições

Hydraulic conductivity	Suitability Rank	Value
Very high and high	unsuitable	1
Medium	Less suitable	2
Very low / low	Suitable	3

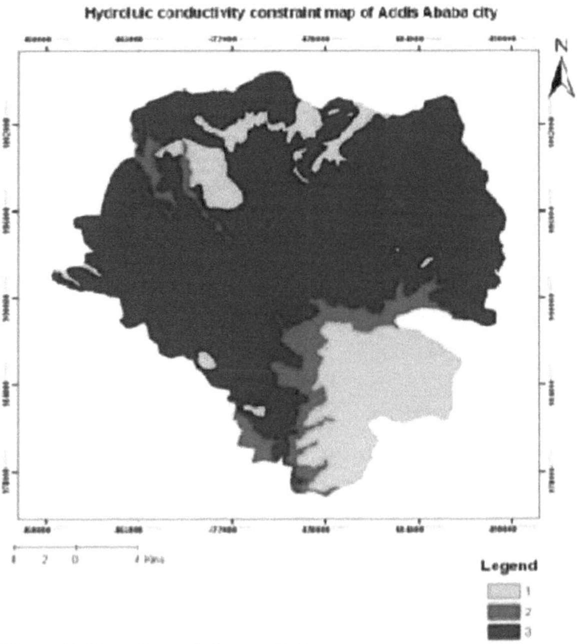

Figura 10 Mapa de restrições geológicas

Camada 2:

Table 8 Valor de restrição do tipo de solo

Soil type	Suitability Rank	Value
Absent/thin, lacustrine clay and alluvial soil	unsuitable	1
Reddish brown clay	Less suitable	2
Black cotton clay	Suitable	3

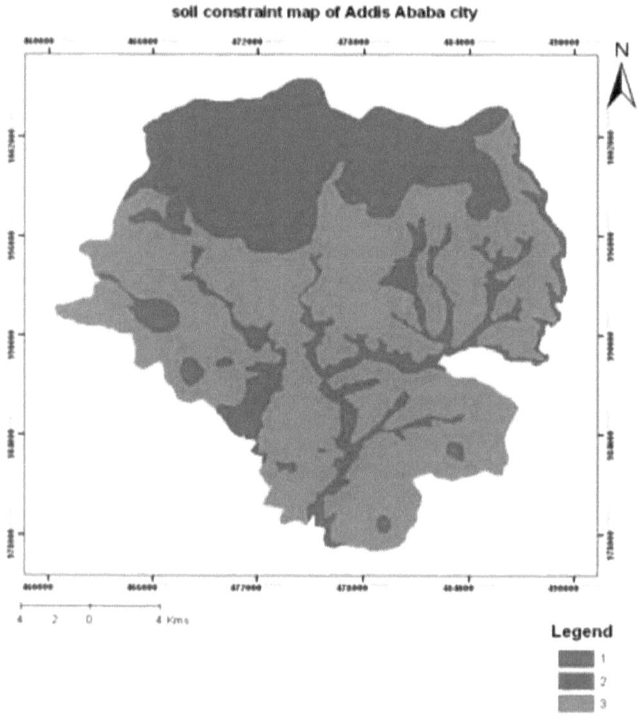

Figura 11 Mapa de condicionantes do solo para aterro

Camada 3

Quadro 10 Valor de restrição das águas subterrâneas para o aterro sanitário

Ground water depth (m)	Value	Suitability Rank
0.5 – 35.78	1	unsuitable
35.78 – 60.76	2	Less suitable
60.76 – 125.93	3	Suitable

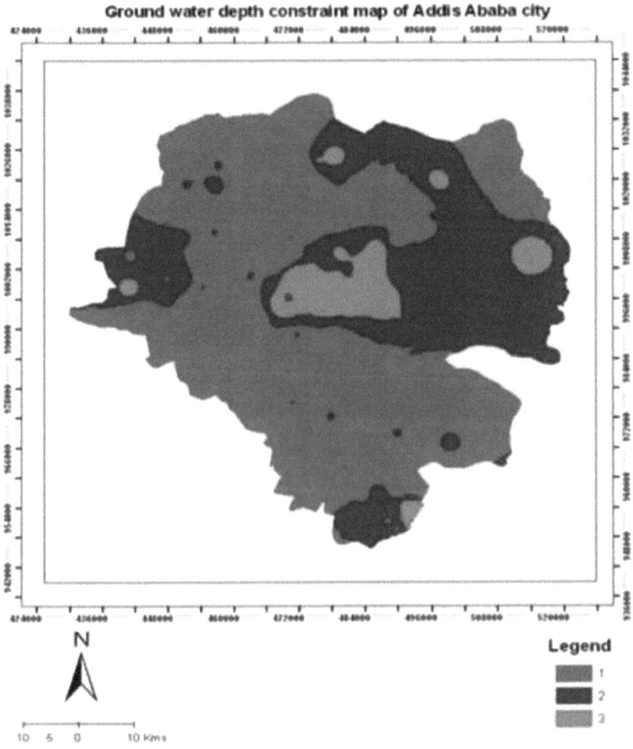

Figura 12 Mapa de restrição da profundidade da água subterrânea

Camada: 4

Quadro 11 Valor de restrição da distância ao rio para aterros sanitários

Distance from main river (m)	Suitability Rank	Value
0 - 1246.195	unsuitable	1
1246.195 - 2852.401	Less suitable	2
2852.401 - 7089.464	Suitable	3

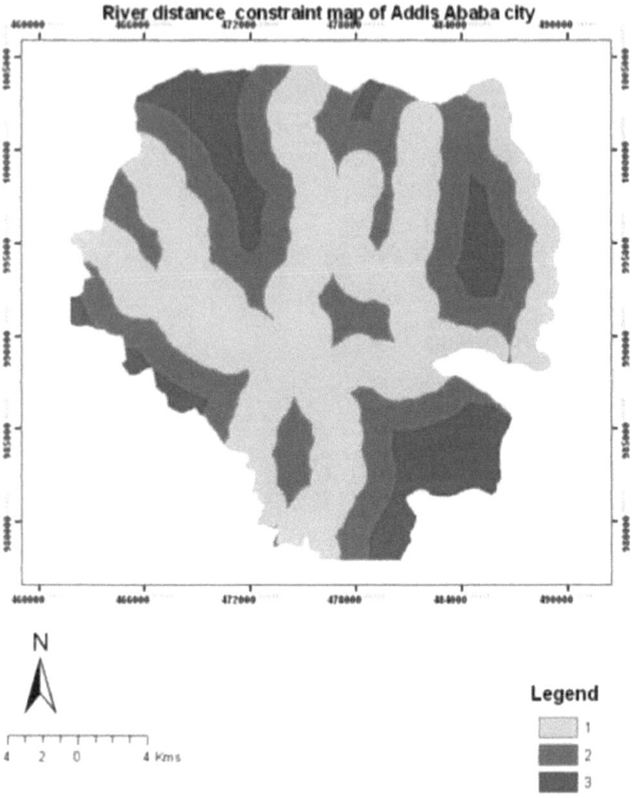

Figura 13 Mapa de restrições da distância entre rios para aterros sanitários

Camada -5

Quadro 12 Valor de restrição do bem de utilização do solo para aterros

Land use property	Suitability Rank	Value
Settlement, social, industry existing and social proposal sites	unsuitable	1
Industry proposal and agriculture sites	Less suitable	2
Reserve/open sites	Suitable	3

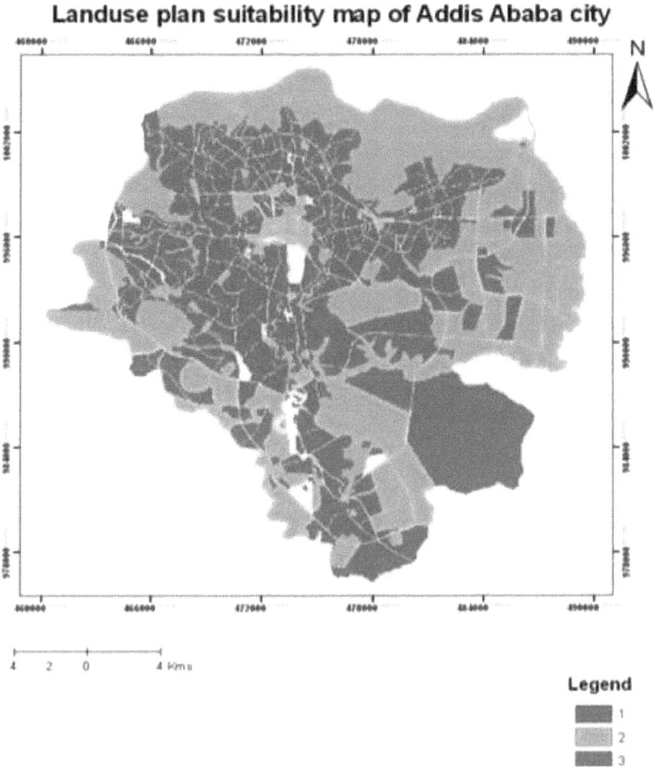

Figura 14 Mapa de restrições do bem de utilização do solo

Camada -6

Quadro 13 Valor de restrição do declive (%) para o aterro sanitário

Slope in %	Value	Suitability Rank
22.17 – 42.51	1	unsuitable
10.67 – 22.17	2	Less suitable
0 - 10.67	3	Suitable

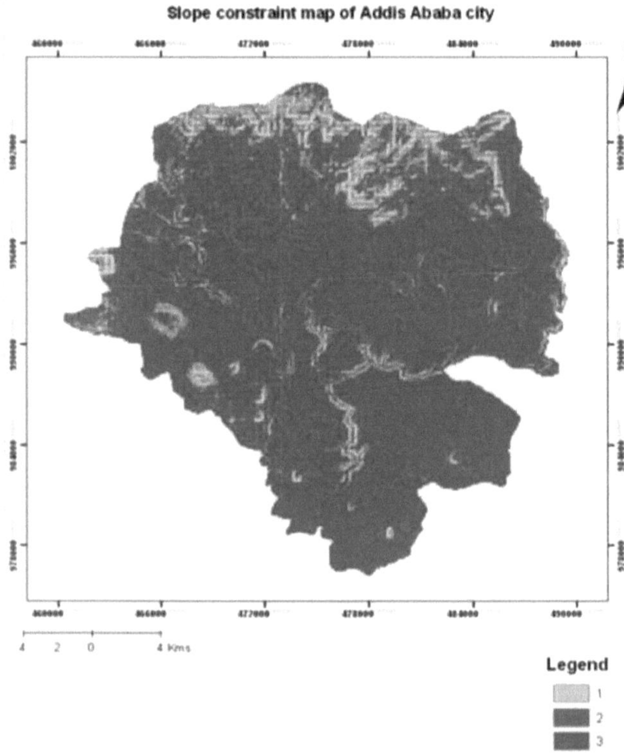

Figura 15 Mapa de restrições do declive do aterro sanitário

Camada - 7

Quadro 14 Valor de restrição da distância da estrada para o aterro sanitário

Distance from the main road (m)	Value	Suitability Rank
0 – 2010.16	1	unsuitable
2010.16 - 5226.42	2	suitable
5226.42 - 11435.58	3	Suitable

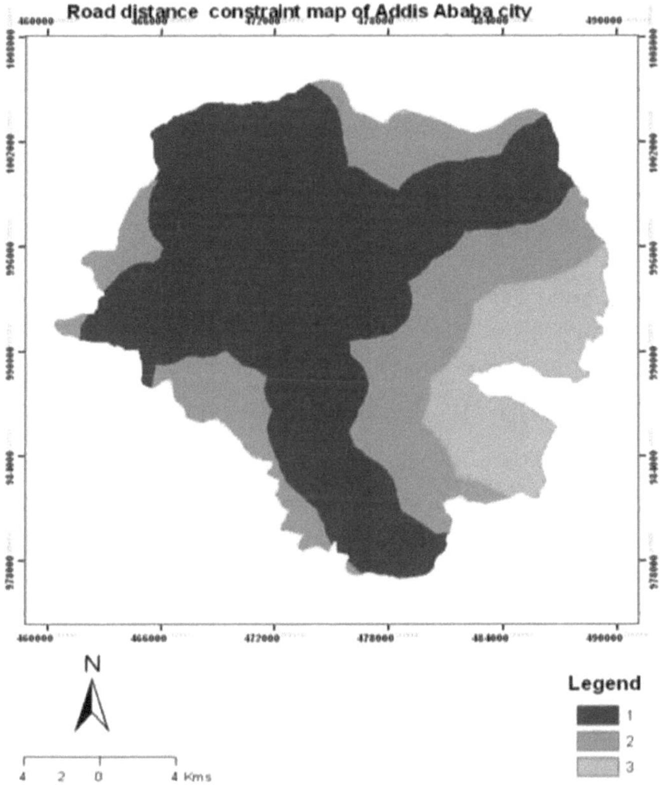

Figura 16 Mapa de restrições da distância rodoviária ao aterro sanitário

CAPÍTULO 6

Resultados e discussão

6.1 Resultados

Neste estudo de análise de adequação, o WEIGHT, módulo de análise de apoio à decisão do IDRISI, foi utilizado para desenvolver um conjunto de pesos relativos para um grupo de factores numa avaliação multicritério.

O peso de cada fator foi desenvolvido através de uma série de comparações entre pares da importância relativa dos factores para a aptidão dos pixels para a atividade avaliada. A soma dos coeficientes ponderados de cada camada determinada pelo idrisi é igual a 1.

Os factores e os seus pesos resultantes são utilizados como entrada para o módulo MCE para a combinação linear ponderada. Este procedimento através do qual os pesos são produzidos segue a lógica desenvolvida por T. Saaty no âmbito do Analytical Hierarchy Process (AHP). As taxas de ponderação são atribuídas com base na comparação entre pares de uma escala contínua de 9 pontos.

Quadro 15 Comparação entre pares Escala contínua de 9 pontos

1/9	1/7	1/5	1/3	1	3	5	7	9
Extremely	Very Strongly	Strongly	Moderately	Equally	Moderately	Strongly	Very Strongly	Extremely
Less Important					**More Important**			

Quadro 16 Derivação hierárquica analítica para o peso do vetor próprio

	Land use	**Depth of ground water**	**River distance**	**Geology (hyd-cond.)**	**Soil type**	**Slope (%)**	**Road distance**
Land use	**1**						
Depth of ground water	**1/3**	**1**					
River distance	**1/3**	**1**	**1**				
Geology (H-C)	**1/5**	**1/3**	**1/3**	**1**			
Soil type	**1/7**	**1/5**	**1/5**	**1/3**	**1**		
Slope	**1/7**	**1/5**	**1/5**	**1/3**	**1**	**1**	
Road distance	**1/9**	**1/7**	**1/7**	**1/5**	**1/3**	**1**	**1**

Derivação dos pesos AHP utilizando a escala contínua de 9 pontos de comparação entre pares, os pesos dos vectores próprios para os sete factores foram determinados com um rácio de consistência aceitável de 0,03

Quadro 17 Pesos dos vectores próprios para os sete factores

Factors	Eigenvector weights
Land use	0.3985
Depth of ground water	0.1966
River distance	0.1966
Geology (hyd-cond.)	0.0960
Soil type	0.0461
Slope (%)	0.0385
Road distance	0.0276

Com base nos pesos dos vectores próprios dos factores acima calculados, todos os parâmetros da camada do modelo são ponderados com a sua respectiva percentagem de influência nos critérios de análise da aptidão. O mapa de adequação final é criado utilizando uma sobreposição aritmética das opções do ArcGIS Map Calculator da extensão do analista espacial, como se mostra abaixo.

0.3985 * [Reclass of land use] + 0.19666 * [Reclass of depth of gwt .im] + 0.1966 * [Reclass of river d.im] + 0.0960 * [Reclass of hyd_con] + 0.0461 * [Reclass of soil] + 0.0385 * [Reclass of slope] + 0.0276 * [Reclass of dist_road]

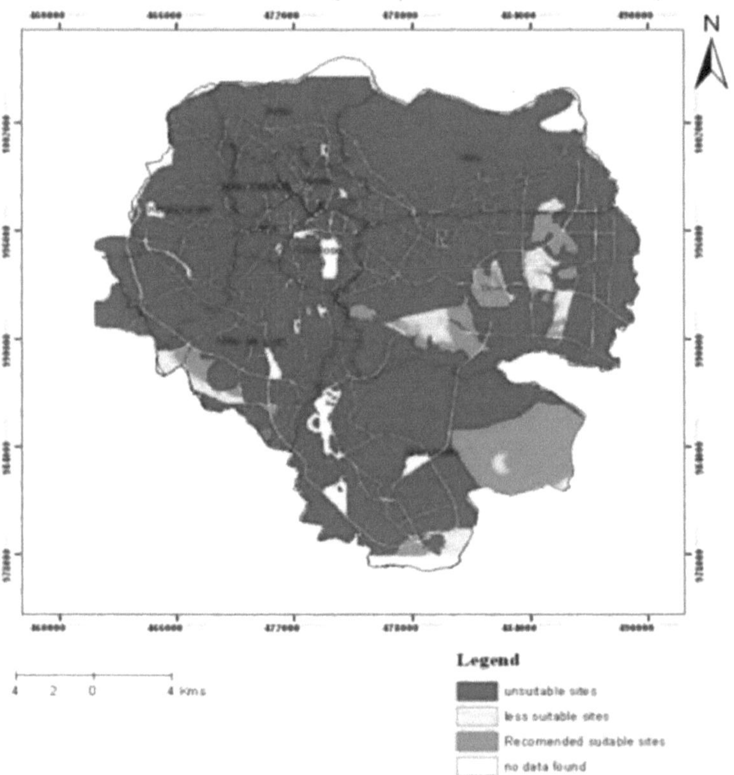

Figura 17 Mapa dos locais de aterro adequados da cidade de Adis Abeba

6.2 Discussão

Tal como foi discutido por diferentes investigadores e académicos, e também analisado neste projeto, desde a pesquisa bibliográfica de diferentes trabalhos sobre o local de koshe até à observação no local do ambiente da lixeira a céu aberto, koshe deixou uma cicatriz negra no ambiente (águas subterrâneas, águas superficiais, fertilidade do solo através da acumulação de plásticos de alta densidade e detritos não biodegradáveis, acumulação de metais tóxicos no solo do local, poluição atmosférica, acumulação de gases orgânicos combustíveis e libertação para o ambiente, etc.). Mesmo Koshe está localizado no centro da zona de aviação; pode ser um perigo, especialmente para pequenas aeronaves, uma vez que existem necrófagos e aves voadoras no local de eliminação. De qualquer modo, não pode satisfazer os critérios de local de eliminação. Neste projeto, é selecionado um local adequado para a eliminação de resíduos de aterro e é produzido um mapa adequado. O local de descarga existente e os locais propostos foram fundidos no mapa adequado desenvolvido (ver fig.28). Qualquer pessoa pode concluir o estado de todos os locais propostos no mapa adequado. Nenhum deles satisfaz os parâmetros. Por conseguinte, são apresentadas a seguir recomendações adequadas.

A zona de temperatura mais elevada e precipitação mais baixa é o local de aterro adequado, como já foi referido. Assim, o melhor local investigado a seguir é a zona verde do mapa, na parte inferior da cidade de Adis Abeba, que tem uma altitude mais baixa, temperaturas elevadas e uma precipitação média mensal mais baixa, o que provavelmente provocará um elevado grau de evaporação. A área verde no mapa desenvolvido, na subcidade de Bole, dentro da zona de aviação do aeroporto internacional de Bole, não é preferível. Mesmo as áreas verdes investigadas na subcidade de Nefas silk lafto estão perto da zona de aviação. Assim, as zonas verdes em ambas as subcidades são evitadas dos melhores sítios propostos, mesmo que satisfaçam os critérios de análise GIS e AHP. Por conseguinte, o único local que satisfaz todos os parâmetros deste documento é a parte sudeste da subcidade de Akaki Kality (ver as figuras seguintes; fig. 29 e fig. 30)

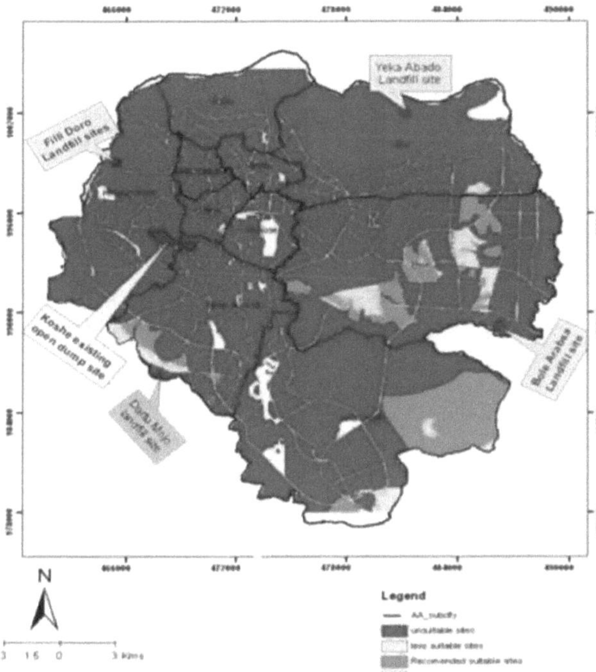

Figura 18 Lixeira a céu aberto existente, estações de transferência previamente selecionadas e locais de aterro adequados em Addis Abeba

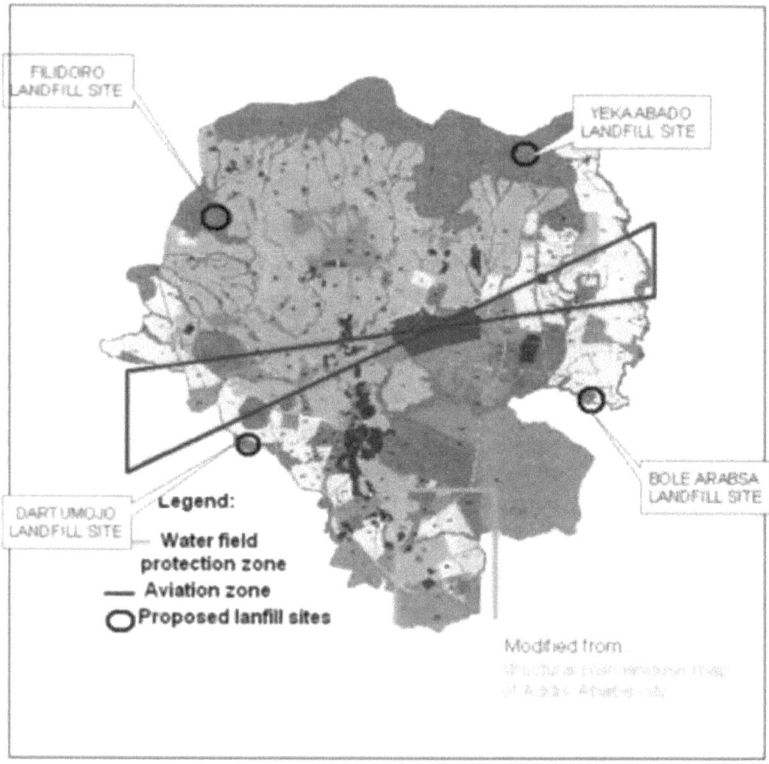

Figura 19 Zona de aviação, locais de estações de transferência previamente selecionados, local de descarga a céu aberto existente e campo de poços de Akaki restrito

6.3 Conclusões

Quadro 18 Conclusões do projeto

Proposed sites	Yeka abado	Filidoro	Dartu Mojo	Bole Arabsa
Aviation zone	Far distance	Far distance	Near distance	Near zone
Slope	Less suitable slope	Moderately suitable	Moderately suitable	Suitable slope
Geology(Hyd-con)	Highly suitable	Medium to low hyd-conductivity (suitable)	Low Hyd-conductivity i.e. suitable	Medium to low hyd-conductivity (suitable)
Soil	Lacustrine clay i.e. less suitable soil	Mixture of reddish brown clay, alluvial soil dominantly black cotton soil to Addis ketema and Lideta sub city side and thin/absent to west border of the landfill , generally suitable soil	Black cotton soil i.e. highly suitable soil type	Few / absent soil cover with black cotton soil to the near north of landfill i.e. unsuitable soil class
Ground water head	39.697-74.974 meters deep i.e. from moderately suitable to suitable	0.50-39.697 meters deep i.e. least suitable sites	0.50-24.018 meters deep ,least suitable class of the depth	39.697-56.845 meters deep i.e. moderately suitable depth of ground water
Recharge zone	Ground water	Ground water	Relatively far	Sited on Akaki

Proposed sites	Yeka abado	Filidoro	Dartu Mojo	Bole Arabsa
	recharge zone even at the recharge area* near distance to river and least suitable	recharge zone even at the recharge area* recharge area of little Akaki and its tributaries like Jemmo river also the site is located near distance to river i.e. least suitable	distance from rivers and recharge areas, covered by forest and reserve/open sites.	river, recharge of big Akaki, i.e. unsuitable class recharge zone for landfill
Surface water/river, stream, drinking water supply	Affect Hanku river	Large number of boreholes around the site i.e. affect quality of discharged water	Far from a river and stream	Affect Akaki river
Land use property	Nothing is around the site and covered by forests Suitable class of i.e. land use property	The site is covered by forest near social existing like stadium and festival sites, with mixed development. i.e unsuitable class of land use property	Reserve / open areas of the city covered by forests i.e. suitable class of land use	Near the mixed development properties of the cities and potential mining and quarry sites i.e. less suitable class of the land use property.
Accessibility	Do not be considered!	Do not be considered!	Do not be considered!	Do not be considered!

CAPÍTULO 7

Conclusões e recomendações

De um modo geral, anteriormente, o racional para a proposta de locais de eliminação para a cidade baseava-se na redução do tempo de deslocação e sem atravessar a cidade. Mais tarde, com o surgimento de novas políticas, o gabinete do projeto do plano diretor reconheceu a necessidade de proteger os recursos hídricos superficiais e subterrâneos e os critérios de vento para posicionar os locais longe das zonas de desenvolvimento e de aviação como critérios principais. Alguns desses locais não correspondiam aos critérios, especialmente na parte norte da cidade, mas foram propostos tal como estavam. Supunha-se que todas as avaliações, revisões e modificações científicas seriam realizadas posteriormente. Por conseguinte, o gabinete do projeto do plano diretor considerou que era necessária uma investigação mais aprofundada dos locais. De acordo com a análise deste projeto, todos os locais de aterro propostos, incluindo as lixeiras a céu aberto existentes, não podem corresponder ou satisfazer sequer os critérios científicos mínimos como um todo, pelo que este projeto recomenda os seguintes pontos:

- Devem ser efectuados estudos científicos mais aprofundados sobre os sítios propostos.
- Devem ser imediatamente selecionados locais adequados como locais de transferência permanente para o atual aterro a céu aberto de koshe em funcionamento.
- Deve ser estudada outra localização alternativa, com base em critérios científicos, que possa substituir as localizações propostas e o atual aterro a céu aberto.
- Recomenda-se a limpeza, a plantação de plantas indígenas e de leguminosas e a utilização recreativa dos terrenos, com a devida reabilitação, para a lixeira a céu aberto de koshe, como ação de reparação.
- Um projeto de engenharia cientificamente avaliado e modificações devem ser tomadas como medidas de reparação para os sítios propostos antes de prolongarem o seu serviço.
- A cidade pode utilizar os locais de aterro adequados propostos como locais de eliminação, considerando outros critérios não inclusivos neste projeto, ou como um estudo de base para investigações de locais de aterro adequados.
- Os melhores locais recomendados para a eliminação de resíduos na cidade de Adis Abeba situam-se na parte sudeste da subcidade de Akaki Kality, longe dos campos de poços restritos de Akaki (fig.30, como indicado abaixo)

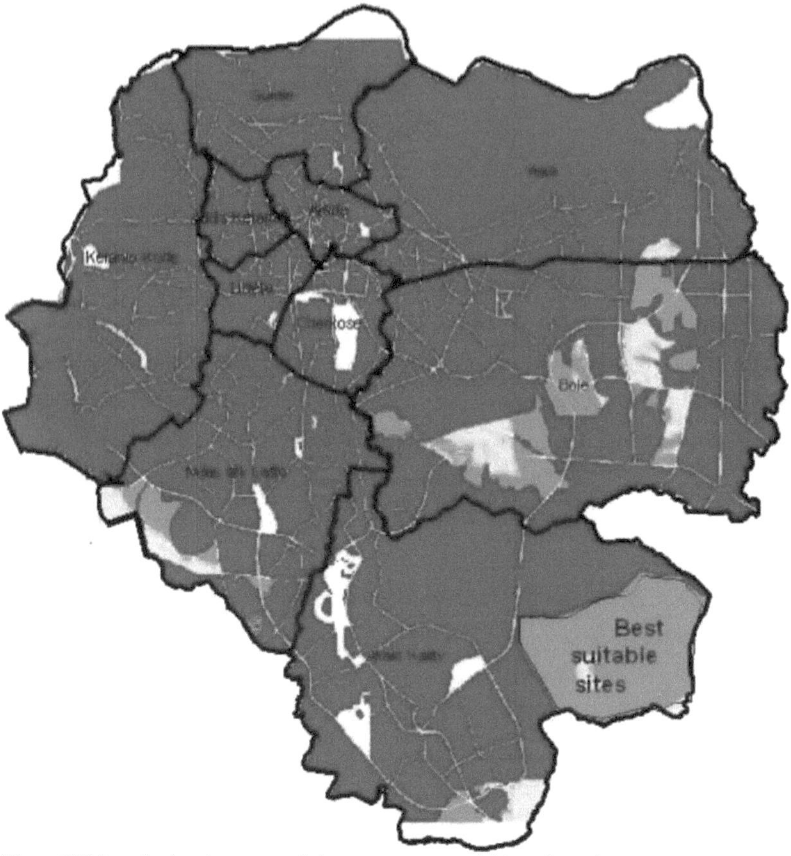

Figura 20 Mapa dos locais recomendados para aterros sanitários adequados

CAPÍTULO 8

Referência

1. Agência de desenvolvimento de saneamento, embelezamento e parques da cidade de Adis Abeba, 2008. Relatório final de progresso. Adis Abeba, Etiópia.
2. Gabinete do projeto de revisão do plano diretor da administração da cidade de Adis Abeba, 2009. "Mapa ambiental de Adis Abeba e mapa de utilização do solo do plano de estrutura". Administração da cidade de Adis Abeba.
3. Anew, W. N. e McDonald, R. R. (1983). Land suitability analysis: landfill sitting. Journal of urban Planning and Development, 109 (1): 50-61.
4. Ball J.M., 2003. Landfill site selection fact sheet, johansbourge, África do Sul
5. BeyeneGeleta, 1999. Managing solid waste for integrated development to water supply and sanitation of Addis Ababa, Addis Ababa - Ethiopia.
6. BirhanuGizaw, 2002. Uma tese de doutoramento sobre a investigação hidroquímica e ambiental da região de Adis Abeba, Etiópia. Universidade Ludwig Maximillan de Munique, Alemanha.
7. Burrough P.A, 1992. Principles of Geographic Information Systems, Clarendon press, Oxford, Grã-Bretanha.
8. Agência Central de Estatística da Etiópia, 2007. Resumo e relatório estatístico do recenseamento da população e da habitação de 2007, Adis Abeba, Etiópia.
9. Camille De stoop, 2007. Waste collection and disposal in Addis Ababa, ENDA-Ethiopia.
10. DessalegnMesfin, 2003. Legislação política e quadro institucional para a gestão de resíduos sólidos em Adis Abeba, autoridade de proteção ambiental, pp.42-59
11. Enda Ethiopia n Preceup, 1999. O ciclo dos resíduos em Adis Abeba (projeto de relatório)
12. EPA, 2006. Landfill manuals on site selection and identification of exclusionary areas, Environmental protection authority, Irlanda.
13. Hokkanen, J. e Salminen, P. (1997). Localização de uma instalação de tratamento de resíduos através de uma análise multicritério.
14. Journal of Multi-Criteria Decision Analysis, 6: 175-184.
15. IAP, 2006. Fazer uma distinção espacial utilizando o SIG.
16. JacekMalczewski, 1999. GIS e Análise de Decisão Multi-Critério,
17. Lammar M.1994. Hydrologic models for operating sanitary landfills, Universidade Estadual da Flórida, EUA.
18. Leao, S., Bishop, I. e Evans, D., (2004). Modelo espaço-temporal para a procura e afetação de aterros de resíduos numa região urbana em crescimento. Computadores, Ambiente e Sistemas Urbanos, 28: 353-385

19. Ministério do Ambiente, 1998. Landfill standard guidelines for selection, approval and regulation, Toronto.

20. MollaDemlie e BirhanuGizaw, 2007. Recarga de água subterrânea, fluxo e evolução hidrogeológica nos aquíferos vulcânicos complexos, Etiópia central - Adis Abeba, Etiópia.

21. Patrick W.& Philip O.,2002. Avaliação de um potencial aterro sanitário, universidade de wisconsin-madson, EUA.

22. Ronald Eastman J., 1995. IDRISI for Windows: Guia do Utilizador, Clarke University, Worceter, EUA.

23. Sir William Hancrow e Partner's ltd, 1989. Integrated urban and rural development in slum and infrastructure rehabilitation of Addis Ababa city in solid waste management, instituto nacional de planeamento urbano, Addis Ababa

24. Sokhi B.S., 2007. GIS based modeling for landfill site selection using analytical hierarchical process, human settlement analysis division, IIRS USA.

25. TadesseKuma, 2004. Dry Waste Management in Addis Ababa City (draft report), Teaching Workshop on Accounting for Urban Environment, 5 a 16 de janeiro de 2004, Ecological and Environmental Economics Programme, Addis Ababa, Ethiopia.

26. Tamiru Alemayehu e et al, 2003. Relatório científico sobre o mapeamento da vulnerabilidade das águas subterrâneas dos aquíferos de abastecimento de água de Adis Abeba, Etiópia.

27. TamiruAlemayehu, 2006. Ocorrência de águas subterrâneas na Etiópia, AAU-Etiópia.

28. Themistoklis, D. K., Dimitrois, P. K. e Constantinos, P.H., (2005). Sitting MSW landfills with a spatial multiple criteria analysis methodology. Gestão de resíduos, 25: 818-832

29. USAEP, 2003. Revagatating landfill and waste containment areas fact sheet, USA

30. USEPA, 2002. Landfill design guide line, EUA.

31. YamiBirke, 1999. Solid waste management in Ethiopia, 25th WEDC Conference, Integrated Development For Water Supply And Sanitation, Addis Ababa, Ethiopia.

32. ZelekeZewdie, 2006. Gestão de resíduos sólidos em Adis Abeba: problemas, perspectivas e acções estratégicas. Ministério dos Assuntos Federais Gabinete do projeto de desenvolvimento e melhoria de Adis Abeba.pp.6-70

Anexo 1: Perguntas da lista de controlo

Nota: O questionário que se segue é uma lista de perguntas principais respondidas por observação, entrevista e pesquisa bibliográfica da área de estudo que são utilizadas para compreender melhor a gravidade do problema.

1. Lista de verificação das condições de gestão dos resíduos domésticos

1.1 Limpeza geral do ambiente (por observação)

Sujo ______________

Bastante limpo ______________

Limpo ______________

1.2 Hábitos temporários de tratamento de resíduos domésticos

D Dispõe de um contentor de armazenamento temporário para os resíduos produzidos em casa?

Sim Não

U Utilização e passagem para as valas próximas, canais de drenagem, etc.? simNão

✓ Se outros, especificar ____________________________________

2. Práticas de eliminação de resíduos sólidos

2.1 ____ A sociedade reutiliza os resíduos domésticos? Sim ________________________________ Não ____________

2.1.1 Se sim, tipo de resíduos reutilizados __________

Objetivo dos resíduos reutilizados _______

2.2 ____ A sociedade faz compostagem de resíduos? Sim Não ____

2.2.1 Em caso afirmativo, que tipo de resíduos? ______________

2.3 É efectuada a incineração de resíduos domésticos? Sim _Não ________

2.3.1 Em caso afirmativo, que tipo de resíduos? ______________

2.3.2 Onde é que eles incineram? No interior do complexo _________

Fora do recinto __________________________

2.4 ____ As sociedades utilizam lixeiras a céu aberto como método de eliminação? Sim _____________________ Não ___

2.4.1 Em caso afirmativo, onde é que descarrega?

No interior do complexo ____________________

Fora do recinto ____________________________

2.4.2 Porque é que eles preferem a lixeira? _____________

2.4.3 A que distância está o contentor da casa das sociedades?

20-50 metros ______________

51-100 Metros _____________

101- 200 metros___________

201-500 metros____________

> 500 metros ______________

2.4.4 Existe uma estrada acessível para o contentor mais próximo? sim Não ___

2.5 ____ A sociedade deita resíduos sólidos no rio? Sim ____ Não ______

2.5.1 Em caso afirmativo, porquê? _________________________________

2.5.2 Qual o grau de limpeza dos canais de drenagem em redor da zona (por observação)?

2.6 ____________________________ Vendem resíduos? Sim Não

2.6.1 Para quem vendem os resíduos?

-Koraleos __________________________

-Centros de reciclagem formais __________

-Outros Especificar ________________

2.7A maioria das sociedades tem acordos contratuais com micro e pequenas empresas?

Sim ________, Não ________ ,

2.7.1Em caso afirmativo, qual o montante cobrado mensalmente?

2.7.2 Em caso negativo, quem recolhe e transporta os resíduos para os contentores?

2.8 . Existe alguém que controle a correta recolha e transporte dos resíduos para os contentores? Sim Não

- Em caso afirmativo, quem? _________________________________

2.9 A atual gestão de resíduos do município é satisfatória?

Sim _____________ Não __________

Em caso negativo, que medidas considera que deveriam ser tomadas para melhorar a situação?

2.10 Se tem alguma sugestão sobre o controlo dos RSU da cidade de Adis Abeba

Anexo 2. Lista de controlo da monitorização da gestão de resíduos urbanos

1. Existe um serviço municipal para a gestão dos RSU? Sim ___ Não ___

1.1 Em caso afirmativo, especificar o serviço ______________________

2. Quantos aterros sanitários tem a cidade de Adis Abeba? ______

3. Qual é a distância, em ____ km, entre o(s) aterro(s) e as subcidades e cada kebeles?
O aterro está protegido (vedado, etc...)?
4. Existem na cidade organismos de limpeza de ruas organizados pela autarquia?
Sim _________Não ___________
5. Existem microempresas organizadas na cidade para a recolha de resíduos sólidos?
Sim ____________Não _____________
Em caso afirmativo, indicar os nomes das EMA e respectivos números;
6. Quantos contentores existem na cidade? _______________
7. Como é feita a distribuição dos contentores em cada kebele? _________
8. Quantas vias de elevação de resíduos existem na cidade? __
Já estão a funcionar? Sim ________________ Não ______
8.1 Em caso negativo, a que meios recorre o município? _______________
8.2 Existem ONGs ou organizações que apoiam o município no controlo ou para levantar resíduos sólidos? _______
9. Duração das vias de esvaziamento dos contentores
" Todos os dias
" Dia sim, dia não
" Uma vez em 3-5 dias
" Uma vez por semana "outros ________
10. Existe um rio a atravessar a subcidade? Sim _____ Não _____
A que distância está o rio limpo dos resíduos despejados?
10.1 Existe algum mecanismo de controlo que impeça as pessoas de despejarem o lixo?
11. O município pratica acções de sensibilização sobre o TS e as suas consequências positivas e negativas para a comunidade? ___________________________
12. Que medidas toma o município em relação às pessoas que eliminam resíduos de forma incorrecta?

13. Considera satisfatório o apoio financeiro, técnico, material e humano existente para o controlo dos RSU da subcidade? Sim ___ Não ___
14. Em caso negativo, na sua opinião, o que deve ser feito para melhorar a gestão dos resíduos sólidos?

Anexo-3: Lista de controlo da avaliação da gestão de resíduos

1. A cidade de Adis Abeba dispõe de um aterro sanitário previamente avaliado cientificamente?
Sim _______ , Não ________
2. Como é que o koshe foi selecionado para ser o melhor local de eliminação em 1964 na CE?
3. Quais são os impactos do aterro sanitário a céu aberto de Koshe no ambiente?
3.1 efeito na saúde ___
3.2 efeito estético _______
3.3 poluição ambiental_____________
3.3.1 Poluição das águas superficiais__
3.3.2 Poluição das águas subterrâneas
3.3.3 Poluição dos solos____
3.4 Se outros _______
4. Existe o hábito de efetuar a caraterização dos resíduos no local antes da sua eliminação? Sim Não

4.1 Em caso afirmativo, a cidade dispõe de locais de transferência temporária? Sim ___ Não
4.1.1 Em caso afirmativo, qual é a distância dos locais de eliminação e dos locais de recolha média?
4.1.2 Qual é o contributo prático da caraterização dos resíduos nos locais de transferência?
4.2 Em caso negativo, como e onde são caracterizados os resíduos recolhidos?
5. Em que medida é que o sítio de Koshe foi avaliado cientificamente depois de ter sido concebido como um sítio de eliminação?
6. Qual será o futuro plano de utilização dos terrenos da lixeira a céu aberto de Koshe depois de esta ser

transferida para o novo local de eliminação proposto? Porquê?

7. Foi efectuada alguma avaliação do impacto ambiental da lixeira a céu aberto de koshe?
Sim _______ , Não ____ Em caso afirmativo, com que frequência foi efectuado e que medidas corretivas foram tomadas
subtraído? _______________

8. Existe alguma proposta de aterro no plano diretor da cidade? Sim ______ , Não _____

8.1 Em caso afirmativo, quais foram os critérios de seleção? Onde são propostos os sítios?

8.2 Em caso negativo, qual é o futuro plano de gestão de resíduos sólidos da cidade?

9. Quais serão as principais medidas de segurança e precaução que foram consideradas na seleção do local de aterro proposto? Foi efectuada uma avaliação científica?

10. Quando entrarão em ação? Durante quanto tempo se manterão no futuro? Como é que a cidade planeia utilizar estes aterros propostos? A cidade planeou utilizar a gestão integrada de resíduos sólidos (GIR), ou seja, reduzir, reutilizar, reciclar, eliminar através da caraterização e separação dos resíduos? Sim/Não

10.1 Em caso afirmativo, está previsto algum local de transferência temporária de resíduos juntamente com o novo
Aterros sanitários? Sim___, Não___

10.1.1 Em caso afirmativo, quais são os critérios?

10.1.2 Em caso negativo, como é que caracteriza e separa os resíduos? No local
Caracterização _____ ou outros________

MIX
Papier aus verantwortungsvollen Quellen
Paper from responsible sources
FSC® C105338

Printed by Books on Demand GmbH, Norderstedt / Germany